12. Fachtagung ZfP im Eisenbahnwesen (Eisenbahn 2022)

ZfP an Schienenfahrzeug-und Fahrbahnkomponenten

Berichtsband BB 178

Erfurt, Germany
15-17 March 2022

ISBN: 978-1-7138-4522-5

Printed from e-media with permission by:

Curran Associates, Inc.
57 Morehouse Lane
Red Hook, NY 12571

Some format issues inherent in the e-media version may also appear in this print version.

Deutsche Gesellschaft Fuer Zerstoerungsfreie Pruefung (DGZfP)
Max-Planck-Str. 6
12489 Berlin
Germany

Phone: +49 30 67807-0
Fax: +49 30 67807-109

mail@dgzfp.de

Additional copies of this publication are available from:

Curran Associates, Inc.
57 Morehouse Lane
Red Hook, NY 12571 USA
Phone: 845-758-0400
Fax: 845-758-2633
Email: curran@proceedings.com
Web: www.proceedings.com

TABLE OF CONTENTS

VORTRAGSBLOCK 4: SCHIENENPRÜFUNG

VORTRAGSBLOCK 5: WELLENPRÜFUNG

VORTRAGSBLOCK 6: NEUE VERFAHREN

VORTRAGSBLOCK 7: EIGENSPANNUNGEN

VORTRAGSBLOCK 8: AUSBILDUNG

VORTRAGSBLOCK 9: REGELWERKE

Herausforderung, Zuverlässigkeit und Verfügbarkeit in Bezug auf die Digitalisierung

R. Härdi[1]

1 Deutsche Bahn, Berlin

Die Digitalisierung und die digitale Transformation ist eine, wenn nicht die größte Herausforderung für Unternehmen in jeder Branche und somit auch in der Bahntechnik. Es entstehen neue Verhaltensweisen und neue Erwartungen seitens der Kunden und Aufgabenträger. Die „Digitalisierung der Bahn" erfordert ein neues Denken und eine neue Form der Zusammenarbeit im Sektor. Die Digitalisierung und folgend angestrebte Automatisierung erfordert aber primär ein zuverlässiges und hochverfügbares Bahnsystem. Je mehr das System Bahn auf Leistung optimiert wird umso weniger verträgt das System Störungen jeglicher Art. Die Steigerung der „Verfügbarkeit" und „Zuverlässigkeit" repräsentiert eine der großen Herausforderungen in der Umsetzung der angestrebten Digitalisierung des Systems „Bahn". Der Vortrag setzt auf den Zielen der Digital und Technikstrategie der Deutschen Bahn auf und bringt diese in den Kontext mit den benötigten Verbesserungen der Robustheit des Systems und somit der Zuverlässigkeit der einzelnen Systeme. Die benötigte Steigerung der Qualität kann nur in einer neuen Form der Zusammenarbeit im Sektor erfolgen. Der Vortrag diskutiert und beleuchtet die Voraussetzungen und Anforderungen einer solchen Zusammenarbeit. Was man nicht misst, kann man nicht steuern! Der Vortrag beleuchtet die integrale Anwendung von Digitalen Zwillingen als eine effiziente Plattform zur Identifikation und Fortschrittskontrolle von Verbesserungsmaßnahmen. Der „digitale Zwilling" repräsentiert das wahre und repräsentative Abbild eines reellen Assets oder Systems. Die Deutsche Bahn verfolgt einen hybriden Ansatz bei der künstlichen Intelligenz, Machine Learning und traditionelle Modellierung in einem ganzheitlichen IoT Ökosystem vereint wird. Industrie und Betreiber müssen zusammen wirksame Datenmodelle und Diagnosedatendefinitionen erarbeiten, damit die benötigte Basis eines digitalisierten Bahnbetriebs und Instandhaltung ermöglicht wird. Der Vortrag diskutiert den Partnerschaftsansatz der Deutschen Bahn mit OEM´s und Lieferanten: Abschließend diskutiert der Vortrag den Ansatz und die Herausforderungen des kontinuierlichen Verbesserungsprozesses basierend auf dem „FRACAS" Prinzip den die Deutsche Bahn zu Steigerung der Verfügbarkeit der Systeme zusammen mit OEM´s und Subsystemlieferanten umsetzen wird.

Schienenmobilität der Zukunft – Lösungen, Herausforderungen, Positionen

Axel SCHUPPE [1]
[1] Verband der Bahnindustrie in Deutschland e.V., Berlin
Kontakt E-Mail: schuppe@bahnindustrie.info

Kurzfassung

Erster klimaneutraler Kontinent bis 2050, mit diesem ambitionierten Ziel definiert Europa die Spielregeln für saubere Mobilität neu. Die Schiene ist gefordert als Treiber der nächsten Mobilitätsrevolution. Zugfahren ist bereits heute die klimafreundlichste Art der Mobilität, die Digitalisierung der Schiene steigert ihre Effizienz und Attraktivität noch weiter. Elektromobilität mit Oberleitung und alternative Antriebe ebnen schon jetzt den Weg für klimaneutrale Verkehrsangebote. Der Koalitionsvertrag setzt mit der avisierten Verdoppelung der Fahrgastzahlen und Steigerung des Schienengüterverkehrs sowie der Elektrifizierung von 75 Prozent des Netzes bis 2030 ambitionierte Ziele. Jetzt kommt es auf optimierte politische Rahmenbedingungen an, damit die flächendeckende Digitalisierung und effektive Dekarboniserung des Schienenverkehrs zur Erfolgsgeschichte „Made in Germany“ wird.

Radprüfung manuell und mechanisiert - Digitalisierung der zerstörungsfreien Prüfung

Daniel WERNER [1], Andreas FRANZEN [1], Frank HENRIX [1], Paul BUSCHKE [1]
[1] Waygate Technologies, Baker Hughes Digital Solutions GmbH, Hürth

Kontakt E-Mail: d.werner@bakerhughes.com, andreas.franzen@bakerhughes.com, frank.henrix@bakerhughes.com, paul.buschke@bakerhughes.com

Kurzfassung

Zur Sicherstellung der Betriebssicherheit von Eisenbahnfahrzeugen werden diese abhängig von Verschleißverhalten und Einsatz in regelmäßigen Abständen zerstörungsfrei geprüft und instandgehalten. Hierbei kommt insbesondere dem rollenden Material eine besondere Bedeutung zu. Für die Radprüfung stellt u.a. die Ultraschallprüfung ein geeignetes zerstörungsfreies Prüfverfahren dar. Aufgrund der steigenden Verkehrsdichte (2019 über 150 Millionen Reisende allein im deutschen Fernverkehr), den zum Teil hohen Geschwindigkeiten, vorgegebenen Prüfintervallen und der Forderung nach geringen Stillstands-Zeiten wird neben manueller Prüftechnik auch zunehmend maschinelle Prüftechnik eingesetzt, wobei sich der Grad der Mechanisierung in Abhängigkeit von Prüfumfang und Wirtschaftlichkeit unterscheidet.

Basierend auf dem Grad der Mechanisierung werden Ultraschallprüfgeräte (bzw. -maschinen) für die manuelle, teilmechanisierte und vollständig mechanisierte Prüfung von Eisenbahnrädern im eingebauten Zustand vorgestellt.

Aus der steigenden Mechanisierung resultierende Chancen (Eliminierung zeitaufwendiger Rüstarbeiten im Gleis, verbesserte Ergonomie am Arbeitsplatz, visuelle Unterstützung bei der Evaluierung der Prüfergebnisse, u.a.) aber auch Herausforderungen (reduzierte Prüfdauern und damit einhergehend höhere Prüflast pro Schicht, große Datenmengen während der Befundung, zunehmende maschinelle Komplexität). Chancen, Herausforderungen und deren Lösungen (automatisierte Zustellung und Ankopplung der Prüfköpfe, zusammenfassende Visualisierung und Aufbereitung der Prüfresultate, unterstützende Datenspeicherung, Dokumentation und Protokollierung) werden am Beispiel der dritten Generation der UnterFlurPrüfEinrichtung »WheelStar« thematisiert.

Die WheelStar-UnterFlurPrüfEinrichtung ist ein vollmechanisiertes Prüfsystem zur Prüfung von Zugrädern im eingebauten Zustand und wird u.a. bei der Rad-Prüfung von Hochgeschwindigkeitszügen eingesetzt. Hier spielt die WheelStar-UnterFlurPrüfEinrichtung eine Schlüsselrolle in Bezug auf Qualitätssicherung und Instandhaltung.

Nicht nur der Grad der Mechanisierung hat in den letzten Jahren zugenommen. Auch in Bezug auf die automatisierte Prüfung werden Ideen, Trends und Herausforderungen diskutiert.

Betriebserfahrung mit Radprüfanlagen bei der betriebsnahen Instandhaltung der Deutschen Bahn AG

R. Ettlich[1]

1 DB Systemtechnik GmbH, Brandenburg-Kirchmöser

Eisenbahnräder unterliegen im Betrieb einer hohen Belastung und müssen deshalb innerhalb ihrer Lebensdauer wiederkehrend zerstörungsfrei geprüft werden. Die Deutsche Bahn AG prüft seit ca. 20 Jahren Eisenbahnräder überwiegend mechanisiert in Prüfanlagen. Derzeit werden dafür ca. 40 Prüfanlagen in verschiedenen Unternehmensbereichen eingesetzt. Das Spektrum der Anlagen reicht von komplexen Prüfanlagen vom Typ „UFPE" für die vollvolumige Prüfung der Räder im Radkranz und Steg bis zu Kleinanlagen vom Typ „UFPE light," mit denen ausschließlich der Bereich unterhalb der Lauffläche zum Nachweis von Innendaueranrissen geprüft wird. Die Prüfung der Räder erfolgt hier im eingebauten Zustand unter dem Zug. Im ausgebauten Zustand werden die Räder gefügt im Radsatz ausschließlich in Portalprüfständen vom Typ „RPS" geprüft. Unzulässige Ultraschallanzeigen werden insbesondere im Hochgeschwindigkeitsverkehr kontinuierlich erfasst und ausgewertet. Nicht alle unzulässigen Anzeigen sind auf tatsächliche Risse oder Herstellfehler zurückzuführen. Speziell die Prüfung in den Stegen von Rädern mit montierten Radbremsscheiben ist komplex. Schallübergang in die Befestigungsteile der Radbremsscheiben verursacht Formanzeigen, welche nicht immer einfach rückführbar und bewertbar sind. Im Vortrag wird ein kurzer Überblick zum Stand der mechanisierten Radprüfung bei der Deutschen Bahn AG gegeben. Es wird kurz die Verfahrensweise bei Radprüfungen mit unzulässiger Anzeige am Beispiel des Hochgeschwindigkeitsverkehrs erläutert. Außerdem wird dargestellt, welche Erkenntnisse aus den Ergebnissen der zerstörungsfreien Prüfungen an Rädern gezogen werden können. Beispielhaft werden typische Ultraschallanzeigen vorgestellt. Diese können auf Fehler im Material oder auf Formkonturen in Kombination mit Schallübergang zurückzuführen sein. Darüber hinaus wird vorgestellt, wie die Ergebnisse insbesondere von typischen Formanzeigen den Prüfern zugänglich gemacht werden, dass damit die zukünftige Bewertung von Ultraschallanzeigen eindeutiger wird.

Anwendung der TFM-Technik bei der Radkranzprüfung

I. Poschmann[1], M. Batur[1], T. Will[1]

1 W.S. Werkstoff Service GmbH, Essen

Total Focussing Methode (TFM) in Verbindung mit Full Matrix Capture (FMC) ist eine spezielle Ultraschallprüftechnik mit großem Potential. Im Rahmen einer Sonderprüfung wurde die Anwendbarkeit der TFM-Technik zum Nachweis von Einschlüssen im Radkranzvolumen nach DIN EN 13262 geprüft – und zwar im eingebauten Zustand am Fahrzeug mit Rädern, die sich bereits im Betriebseinsatz befanden. Die Norm sieht eine Ultraschallprüfung von der Stirnfläche und von der Lauffläche vor. Bei Rädern, die sich bereits im Betriebseinsatz befanden, ist aber die Ankopplung der Prüfköpfe an die Lauffläche schwierig. Hier kam nun TFM ins Spiel mit dem Ziel, die Ankopplung nur von der Stirnfläche durchzuführen. Dabei wurde die besondere Fähigkeit von TFM genutzt, das Radkranzvolumen mit hoher Auflösung bildgebend in einem großen Volumenbereich darstellen zu können. Der Vortrag erläutert den Validierungsprozess der TFM-Technik für den konkreten Anwendungsfall. Diese Validierung ist notwendig, um die Eignung der TFM-Technik in Bezug auf die DIN EN 13262 nachzuweisen. Die Ergebnisse dieser Validierung werden ausführlich erläutert.

Erste Erfahrungen mit kamerabasierter Sichtprüfung an reprofilierten Laufflächen

U. Börner[1], H.-J. Strobel[2]

1 DB Systemtechnik GmbH, Brandenburg-Kirchmöser
2 DB Fernverkehr AG, Frankfurt/Main

Bei DB Fernverkehr wurde ein Projekt „URD Express" initiiert. Ziel des Projektes ist es, die Laufflächen der Räder auf den Unterflurradsatz-drehmaschinen (URD) präventiv zu überdrehen. Die bisher nur zustandsbezogene Bearbeitung der Laufflächen soll damit weitgehend auf ein Mindestmaß reduziert werden. Das präventive Drehen ist planbarer, aber die Auslastung der Drehmaschinen steigt. Prozesse müssen demnach optimiert werden. Ein Teilprojekt hierfür ist Ablösung der manuellen Sichtprüfung durch Einsatz von Kamerasystemen. Im Vortrag werden erste Ergebnisse mit Kamerasystemen vorgestellt. Dazu zählen der Einsatz von Vergleichskörpern und Testcharts zur regelmäßigen Kontrolle und Überwachung der Kamerasysteme. Die Erkenntnisse aus dem Probelauf im Herbst 2021, wo an 150 Radsätzen parallel die manuelle Sichtprüfung und die kamerabasierte Sichtprüfung durchgeführt wurde, werden dargestellt. Die weitere Vorgehensweise, der praktische Einsatz, die Akzeptanz des Prüfpersonals aber auch die Einbindung von KI werden angesprochen.

Magnetpulverprüfsysteme an Radsätzen in unterschiedlichen Instandhaltungsstufen

M. Dangelmayr[1]

1 K+D Flux Technic GmbH + Co.KG, Mögglingen

Teilautomatisierte Magnetpulverprüfsystem an Radsatzwellen mit Anbauteilen in unterschiedlichen Fügezuständen. Technische Umsetzung durch K + D Flux Technic GmbH + Co.KG. Zerstörungsfreie Prüfungen am Beispiel der Schweizerische Bundesbahnen AG (SBB) , Teilautomatisierte Magnetpulverprüfung an Radsatzwellen mit Anbauteilen. Beispiele unterschiedlicher Anlagen.

Hochbelastete Bauteile - Kontrolle der Randzone mittels Mikromagnetik und Eigenspannungsmesstechnik

C. Scheer[1], D. Dapprich[1]

1 Stresstech GmbH, Rennerod

Qualitätsprobleme und Bauteilversagen können wesentlich durch unerkannte Fertigungsprobleme verursacht werden. Wechselbeanspruchte Bauteile erforderen definiert eingestellte Randzoneneigenschaften und damit eine entsprechende Kontrolle der Fertigungsprozesse. Der Vortrag gibt einen Überblick der Anwendungsmöglichkeiten von Barkhausenrauschen-Analyse zur Mikrostrukturprüfung und der Eigenspannungsmessung mittels Röntgendiffraktion.

ZFP Schienenprüfung mit den Produkten der Goldschmidt Gruppe

G. Hanspach[1], D. Beilken[1], S. Damm[1]

1 Prüftechnik Linke & Rühe GmbH, Magdeburg

Innerhalb der Goldschmidtgruppe sind zwei Firmen mit Themen der Schienenprüfung involviert. Die Fa. PLR befasst sich mit der Wirbelstromprüfung an verlegten Schienen und hat in den letzten Jahren die Ultraschallprüfung an verlegten Schienen in den Fokus ihrer Entwicklung gestellt. Der Vortrag zeigt die Produktpalette von ZFP Prüfsystemen der Fa. PLR die in der jüngsten Vergangenheit und in der Gegenwart auf dem internationalen Markt vertrieben werden. Die FA. GRAW als weiteres Unternehmen der Goldschmidtgruppe ist Spezialist für die Videoinspektion und Geometrievermessungssystemen an verlegten Schienen. Produkte zur Prüfung werden vorgestellt und beschrieben.

Firmenvorstellung Waygate Technologies

Dr. Frank KAHMANN [1]
[1] Baker Hughes Digital Solutions GmbH,
Robert-Bosch-Straße 3
50354 Hürth
Kontakt E-Mail: frank.kahmann@bakerhughes.com

Kurzfassung

Waygate Technologies bietet Geräte und Anlagen unter anderem zur Ultraschallprüfung (Krautkrämer) und zur indirekten Sichtprüfung (Everest VIT). Diese Prüflösungen werden (manuell oder voll mechanisiert) als Teil des Fertigungsprozesses von Bahnkomponenten oder im Bereich der Instandhaltung eingesetzt. Neben der Überprüfung von Schweißverbindungen werden Teile auf innere Inhomogenitäten, Risse, Verschleiß und Verklebung untersucht. Geprüft werden mit diesen Verfahren beispielsweise Schienen, Weichen, Räder, Radsatzwellen, Drehgestelle, Bremsscheiben, Zug- und Stoßvorrichtungen, Komponenten der Antriebstechnik sowie Teile aus Faserverbundwerkstoffen.

Kompakte Ultraschallgeräte und Darstellungsalgorithmen von AOS-TPAC

H. Saulais[1]

1 AOS LLC, West Chester Ohio, USA

Vorstellung der neusten Ultraschallgeräte und Algorithmen entwickelt von AOS-TPAC für einfachere, schnellere und genauere Prüfungen. Mit der kleinsten Hardware auf dem Markt und umfangreichen Bildverarbeitungsoptionen, wird eine optimierte Lösung für jegliche Prüfung möglich.

Halbautomatisierte Ultraschallprüfung mit Phased-Arrays an Vollwellen

Heiko KUECHLER [1] Stefan Caspary [2]
[1] Olympus Deutschland GmbH, Hamburg
[2] Fraunhofer IZFP , Saarbrücken

Kontakt E-Mail: heiko.kuechler@olympus.com ; Stefan.Caspary@izfp.fraunhofer.de

Kurzfassung

Beim Betrieb von Waggons und Loks muss in regelmäßigen Abständen der Zustand der Achsen überprüft werden.
Diese Abstände wurden immer mehr verkürzt. Mit der Phased-Array Technologie ist es möglich, diese Überprüfungen durchzuführen, auch wenn die Rad- und Bremsscheiben montiert sind. Dieser neue Prüfansatz kombiniert die Ultraschalldaten mit den Bilddaten der Achse. Die Ultraschalldaten werden in Zukunft in ein vor Ort aufgezeichnetes Kamerabild eingespielt.

Neu – BUSG-Zweiwege-Inspektionsfahrzeug von Certis Railservice

Klaus STÖCKLEIN [1]
[1] Certis Europe B.V. Railservice, Bergheim / Hamburg
Kontakt E-Mail: stoecklein@certiseurope.com

Kurzfassung

Unser Zweiwege-LKW mit Brückenuntersichtgeräteaufbau bietet:

- PZB 90, Sifa und GSM-R.
- Dadurch Fahrgeschwindigkeit von 50 km/h auf der Schiene
- Einen sehr großer Arbeitsbereich
- Eine Großraumkabine für 5 Personen inkl. Fahrer
- Einen hohen Arbeitskomfort
- volle Verfahrbarkeit im Inspektionsbereich ohne Abstützungen vom Arbeitskorb aus
- Qualifizierte Zweiwegefahrzeugführer mit europäischem Triebfahrzeugführerschein
- EVU Eisenbahnverkehrsunternehmen mit Sibe nach § 7a Abs. 2 AEG in Verbindung mit § 7a Abs. 3 AEG
- Eigene Durchführung von Trassenanmeldungen über das Trassenportal
- Kürzeste Auf- und Abrüstzeiten durch Drehgestell

Prüfsysteme für die zerstörungsfreie Prüfung von Radsatzkomponenten und Schienen

A. Knam[1]

1 ROSEN Group, Stutensee

Die ROSEN Gruppe entwickelt, vertreibt und betreibt Prüfsysteme für zerstörungsfreie Prüfverfahren für den Energiesektor und Industrieanwendungen. Im Vortrag werden das Unternehmen sowie automatisierte Prüfsysteme für Radsatzkomponenten und Schienen für die Fertigungsprüfung beim Hersteller vorgestellt.

Ultraschallprüfung von korrodierten Schienen in Bahnübergängen

S. Büsser[1], R. Curty[1]

1 Schweizerische Bundesbahnen, Division Infrastruktur, Bern, Schweiz

Im Bahnübergangsbereich wird das Gleis mit modularen Platten oder Strassenbelag eingedeckt und von der Schiene bleibt nur ein Teil des Schienenkopfs sichtbar. Diese Eindeckung erlaubt ein ungestörter Verkehrsfluss von Bahn und Strasse, zieht aber zwei Nachteile für die Schiene mit sich. Zum einen wird die Korrosionsschädigung der Schiene begünstig und andererseits kann der Schienenzustand und eine mögliche Korrosionsschädigung nur eingeschränkt mit ZfP-Methoden erfasst und beurteilt werden. Besonders der Schienenfuss ist in der Regel vom Korrosionsangriff betroffen und damit entsteht bei einer Vorschädigung des Schienenfusses ein nicht unerhebliches Schienenbruchrisiko. Da die Schweizerischen Bundesbahnen, SBB auf ihrem Netz mehr als 1300 Gleise in Bahnübergängen haben, wurde mit einer Studie die Möglichkeit überprüft, wie die Schienen in diesen Gleisen effektiv auf Korrosionsschädigung im Schienenfussbereich überwacht werden könnten. Als besonders geeignet erwies sich die Methode der Ultraschall – Wanddickenmessung. An korrodierten Schienen im ZfP-Labor sowie durch den Einsatz von Ultraschall – Simulationen konnte die UT-Prüftechnik erfolgreich optimiert und die Grundlagen für den Aufbau einer Prüftechnik zum Einsatz im Gleis geschaffen werden. Die Erprobung im Gleis bestätige, dass eine effektive Überwachung der Schienen im Bahnübergangsbereich möglich ist. Die Grundlagen zur Bewertung der Prüfergebnisse und Klassierung der Schädigung wurden ebenfalls erarbeitet. Als vorteilhaft erwies sich die Trennung von Prüfung und Bewertung. Während der Prüfungsdurchführung im Gleis wird auf die Qualität der Prüfergebnisse geachtet und die Sichtung und Bewertung der Prüfergebnisse erfolgt anschliessend am PC-Arbeitsplatz mit einer Auswertesoftware. Dank dieser Aufbauarbeiten steht nun eine neue Ultraschall-Prüftechnik zur netzweite Überwachung der Schienen im Bahnübergangsbereich bereit. Die Einführung dieser Prüfmethode auf dem SBB Netz wird in Betracht gezogen, um eine bestehende Lücke der Schienenprüfung zu schliessen.

Simulation einer Ultraschallanzeige in einem federnd beweglichen Herzstück mit CIVA

F. Krebs[1], S. Bethke[1]

1 DB Systemtechnik GmbH, Brandenburg-Kirchmöser

Anfang 2020 kam es bei der manuellen Ultraschallprüfung eines federnd beweglichen Herzstücks im Gleis zu einer Fehleranzeige. Die Anzeige wurde ebenso bei anderen Herzstücken gleicher Bauart, darunter auch ein werksneues Herzstück mit einem manuellen Ultraschall Schienenprüfgerät (SPG) festgestellt. Mit anderen Prüfsystemen und Handprüfköpfen konnte diese Anzeige jedoch nicht reproduziert werden, was zu der Arbeitshypothese führte, dass es sich hierbei um eine Scheinanzeige handeln könnte. Im Zuge der Nachbewertung im Auftrag der DB Netz AG, Fachstelle Schienentechnik, wurde eine Ultraschallsimulation mit der Software CIVA für diese Herzstückkonstruktion durchgeführt. Um einen tatsächlichen Befund, aufgrund von Anrissen im Materials ausschließen und den Geometrieeinfluss hervorzuheben, wurde die Berechnung oberflächenneutral an einem CAD-Modell eines unbefahrenen Profils des Herzstücks durchgeführt. Weiterhin wurden die Simulationsrechnungen durch eine zusätzliche Prüfung eines Herzstücks dieser Bauart im Gleis verifiziert. Als Ergebnis konnte bestätigt werden, dass es sich bei der Anzeige um eine Scheinanzeige handelt, welche durch Wellenumwandlung in der speziellen Bauteilgeometrie entsteht. Im Vortrag werden die generelle Herangehensweise und Entwicklung der Simulation sowie die theoretischen Grundlagen erläutert.

KI-basierte Analyse von Schienenprüfdaten für ein risikobasiertes Instandhaltungskonzept

Thomas HECKEL [1], Ralf CASPERSON [1], Axel SIMROTH [2]
[1] Bundesanstalt für Materialforschung und -prüfung (BAM), Berlin
[2] Deutsches Zentrum für Schienenverkehrsforschung beim Eisenbahn-Bundesamt, Dresden
Kontakt E-Mail: thomas.heckel@bam.de

Kurzfassung

Die mechanisierte zerstörungsfreie Prüfung von Eisenbahnschienen auf betriebsbedingte Schädigungen wird mit Schienenprüfzügen mittels Ultraschall- und Wirbelstromprüfverfahren durchgeführt. Die Auswertung der Prüfdaten erfolgt durch Auswerter, die Überprüfung der Ergebnisse erfolgt am identifizierten Schienensegment vor Ort mittels handgeführter Prüfgeräte. Instandhaltungsmaßnahmen werden anschließend auf Basis der Befundung der zerstörungsfreien Prüfung abgeleitet. Im Rahmen eines vom BMVI geförderten Verbundvorhabens im Programm „Digitale, datenbasierte Innovationen und Ideen für die Mobilität 4.0“ (mFUND) soll dieses Konzept modernisiert und weiterentwickelt werden.

Ziele des Vorhabens AIFRI (Artificial Intelligence For Rail Inspection) sind es, durch den Einsatz von KI-Methoden den Automatisierungsgrad des Prüfprozesses zu erweitern, die Genauigkeit der Fehlerdetektion zu erhöhen und eine automatisierte Einstufung der aufgefundenen Anzeigen in Risikoklassen zu ermöglichen. Weiterhin wird auf dieser Basis ein risikobasiertes Instandhaltungskonzept erarbeitet, welches zukünftig das bisherige präventive Vorgehen ablösen kann.

Im Rahmen des IT-orientierten Projektes werden relevante Schienenschädigungen und in der Schiene vorhandene Artefakte analysiert und in skalierbare Modelle übertragen. Mit diesen Modellen werden virtuelle Schädigungsbilder generiert, mit denen KI-Algorithmen auf die Defekterkennung und -klassifizierung trainiert werden. Mit Hilfe von Zuverlässigkeitsbetrachtungen werden die entwickelten und trainierten Algorithmen hinsichtlich der Detektion und Charakterisierung von Schienenschädigungen bewertet.

Im Verlauf des Projektes wird mit dem entwickelten IT-Werkzeug ein Demonstrator aufgebaut und im Feld mit realen Datensätzen getestet.

Das Projekt wird durch das Bundesministerium für Verkehr und digitale Infrastruktur (BMVI) im Rahmen von mFund unter dem Förderkennzeichen 19FS2014 gefördert.

Vollintegrierte ZFP 4.0 in Inspektionsplattformen zur Schienenprüfung

G. Hanspach[1], D. Beilken[1]

1 Prüftechnik Linke & Rühe GmbH, Magdeburg

Um Sicherheit im Bahnverkehr gewährleisten zu können, ist es unabdingbar, den Zustand der Gleisinfrastruktur genau zu kennen. Untergrund, Oberbau, Weichen, Schienen und Oberleitung bilden hierbei einen Gesamtkomplex, dessen einzelne Komponenten sich gegenseitig beeinflussen. Die Inspektion und Analyse des Zustandes der Schienen ist Voraussetzung für eine zustandsbezogene und präventive Schieneninstandhaltung, welche wiederum Voraussetzung für die nachhaltige Senkung der Lebenszykluskosten der Eisenbahninfrastrukturkomponenten ist. Stand in der Vergangenheit das Auffinden herstellungsbedingter Fehler der Schiene im Vordergrund, sind es heute mehr betriebsbedingte Fehler aufgrund höherer Achslasten und Geschwindigkeiten. Weiterhin ist der Wunsch der Anwender bei der Schienenprüfung nach automatisierter hochauflösenden Prüfverfahren sehr groß. Prüfsysteme sollen valide Daten liefern, die entsprechend weiterverarbeitet werden und dem Auswerter oder Netzbetreiber entsprechende Hilfestellung für eine vorbeugende Schienenpflege geben. Der Vortrag zeigt Lösungsansätze für verschiedene Inspektionsplattformen zur Automatisierung der zfP Prüfung. Beispiele aus der Praxis untermauern die Lösungsansätze.

VPS-Ring - Betriebserprobung

Stefan BETHKE [1], Jochen KURZ [1], Marek BRUNNGRÄBER [2]
[1] DB Systemtechnik GmbH, Brandenburg-Kirchmöser
[2] DB Cargo AG, Berlin

Kontakt E-Mail: stefan.bethke@deutschebahn.com

Kurzfassung

Die Ultraschallprüfung an Radsatzvollwellen im eingebauten Zustand ist aufgrund der begrenzten Zugänglichkeit am Fahrzeug, Schallwegen von bis zu 500 mm und differierenden Oberflächenzuständen eine komplexe Praxisanwendung. Durch die Verknüpfung von bewährten Prüftechnologien wie der Phased-Array Ultraschallprüfung und eines neukonzipierten mechanisierten Prüfansatzes, wird ein wichtiger Beitrag zum Beibehalt der Betriebssicherheit mit einhergehender Effizienzsteigerung im Güterwagensektor geleistet. Jeder geprüfte, anzeigenfreie und nicht demontierte Radsatz führt zu einer signifikanten Effizienzsteigerung im Rahmen einer Kosten-Nutzen-Rechnung. Aufgrund konstruktiver Drehgestell Unzugänglichkeiten für den Prüfscanner, werden weiterführend abgestuft Effizienzbewertungen für optionale Prüfungen im ausgebauten Zustand des Radsatzes im Instandhaltungswerk in diesem Beitrag aufgezeigt.

In den vergangenen 2 Jahren konnten Erkenntnisse aus dem winkelabhängigen Reflexions-verhalten von Presssitzen, den Schalleigenschaften der Ultraschallprüfköpfe und dem Einfluss der Radsatzwellenoberfläche anhand von annähernd 500 Radsätzen ermittelt werden. 50% der Radsätze aus dieser Betriebserprobung konnten reproduzierbar mit und ohne Beschichtung mit einem Portalprüfstand im stationären Verfahren bei der DB Fahrzeuginstandhaltung GmbH nachbewertet werden.

Der Vortrag umfasst die mechanische und prüftechnische Herangehensweise innerhalb der Betriebserprobung im DB Cargo Instandhaltungswerk in Maschen. Die Praxistauglichkeit der Mechanik und die Ausbau- sowie Ultraschallanzeigenquoten werden differenziert für dieses System vorgestellt.

Handhohlwellensonde, mit der sich eine automatische Prüfung von Radsatzwellen mit Längsbohrung durchführen lässt

Wolfgang SPRUCH [1], Vasile AVRAM [1], Sebastian JACOB [1]
[1] Büro für technische Diagnostik GmbH & Co. KG, Brandenburg/ Havel
Kontakt E-Mail: wolfgang.spruch@diatek.de

Kurzfassung

In manchen Werkstätten ist das Aufkommen an Hohlwellenprüfungen zu gering, als das sich die Anschaffung einer teuren automatischen Hohlwellenprüfanlage lohnen würde. Die Wellen werden mit einer händisch zu nutzenden Hohlwellensonde geprüft. Diese besteht aus der Sonde und einer skalierten Führungsstange. Vom BTD wurde eine auf diesem Prinzip basierende Prüfeinrichtung entwickelt, die die übliche Handprüfung als auch eine automatische Prüfung ermöglicht. Hauptbestandteile der Prüfeinrichtung sind die Sonde mit den er-forderlichen Prüfköpfen, eine skalierte Führungsstange mit den erforderlichen Signalübertragungselementen (z. Z. 16 Signalleitungen) und einer Ölzuführung sowie die Antriebseinheit. In dieser Einheit sind sämtliche für die automatische Prüfung erforderlichen Bauelemente untergebracht, wie Getriebe, Motorsteuerteil, Winkelgeber, induktive und magnetische Sensoren und Not-Aus-Taster. Die Führungsstange ist dreigeteilt (max. Länge 1100mm) und wird vor der Prüfung zusammengesteckt. Die Prüfeinrichtung unterscheidet sich komplett von den bisher bei den Bahnen benutzten Hohlwellenprüfeinrichtungen, vor allem im Gewicht (Vorschubeinrichtung < 5kg, Messtechnik komplett <12kg). Trotzdem ist eine vollumfängliche automatische Prüfung möglich. Alle Sondendurchmesser ab 30mm lassen sich nutzen, sowohl Sonden mit Kontakttechnik als auch mit Ölvorlauf.

Anbauteile an der Welle zur Aufnahme der Prüfeinrichtung sind nicht erforderlich. Die Montage an der Welle dauert etwa eine Minute, dito die Demontage. Die Aufnahme der Messwerte ist in 8 Minuten abgeschlossen. Momentan ist die Prüfeinrichtung an Wellen mit den Durchmessern 120mm und 130mm nutzbar.

Die Prüfeinrichtung ist ortsveränderlich und lässt sich problemlos andernorts verwenden.

Der Vortrag stellt die mechanische Lösung mit einer Sonde D30 vor, die im Video auch gezeigt wird.

Absenkung der Fehlernachweisgrenze an Radsatzwellen mit Längsbohrung bei der Ultraschallprüfung - Praxiseinführung

Arne ROHRSCHNEIDER [1], Jochen KURZ [1], Thomas OELSCHLÄGEL [1], Frank BUß [1]
[1] DB Systemtechnik GmbH, Brandenburg-Kirchmöser

Kontakt E-Mail: arne.rohrschneider@deutschebahn.com

Kurzfassung

Stichwörter: Radsatzwelle, POD, Ultraschall, UT, HPS, Deutsche Bahn

Betriebsbedingte Belastungen und mögliche Oberflächenunregelmäßigkeiten einer Radsatzwelle können Schädigungsprozesse initiieren, die zu deren Versagen führen. Daher werden bei der Deutschen Bahn AG Radsatzwellen mit Längsbohrung einer regelmäßigen Ultraschallprüfung unterzogen. Dies geschieht überwiegend mit mechanisierten Ultraschallprüfsystemen (HPS-Anlagen), welche so parametriert sind, dass sie eine Risstiefe ab 2 mm sicher detektieren.

Im Kontext einer Fahrzeuginstandhaltungsplanung stellen unverhältnismäßig kurze Prüfintervalle von Radsatzwellen eine empfindliche Einschränkung der Fahrzeugverfügbarkeit dar und führen zu unverhältnismäßigen Belastungssituationen für Instandhaltungsressourcen und -infrastruktur. Ein seit 2014 durch die DB Systemtechnik verfolgter Ansatz zur Spreizung derart kurzer Prüfintervalle ist die Absenkung der Nachweisgrenze im bruchmechanisch kritischen Bereich der Radsatzwelle. Hierfür wird die seit Jahrzehnten bereits in anderen Industriebereichen etablierte Standardmethode „Probability of Detection" (POD) genutzt. Dabei wird das gesamte Prüfsystem hinsichtlich seiner Leistungsfähigkeit und Anwendungsgrenzen quantitativ bewertet und in Folge damit eine Verlängerung der Prüfintervalle ermöglicht.

In diesem Beitrag werden Ergebnisse aus den durchgeführten Untersuchungen vorgestellt und darüber hinaus wird ein Einblick in die Praxiseinführung der abgesenkten Fehlernachweisgrenze bei der Instandhaltung gegeben.

Einfluss der Geometrie von Radsatzwellen auf die Auffindwahrscheinlichkeit von Defekten bei der Ultraschallprüfung

Daniel KANZLER [1], Thomas BAUMGART [2], Eric CATALDI SPINOLA [2], Tobias HOMANN [3], Thomas HECKEL [3]
[1] Applied Validation of NDT, Berlin
[2] Schweizerische Bundesbahnen SBB, Olten, Schweiz
[3] Bundesanstalt für Materialforschung und -Prüfung, Berlin
Kontakt E-Mail: KanzlerD@av-ndt.com

Kurzfassung

Im Allgemeinen wird die Bewertung der Auffindwahrscheinlichkeit einer Beschädigung hinsichtlich ihrer Defektgröße bestimmt und ausgewertet. Im Fall von komplexeren Geometrien hingegen, wie z.B. einer Radsatzwelle im Schienenverkehr, spielen zudem Position und Orientierung eine wesentliche Rolle.

Die Betreiber von Fahrzeugen sind daran interessiert Prüfintervalle auf Grundlage der zuverlässigen Detektion von möglichen Defekten in Radsatzwellen (insbesondere Querfehler in der Außenoberfläche) festzulegen und somit die Instandhaltungskosten zu optimieren.

In diesem Beitrag soll anhand der zuverlässigen Nachweisfähigkeit von Querfehlern in Radsatzwellenoberflächen die Auswirkungen der Geometrie der Welle und der Einfluss selbst kleiner Änderungen von Position und Fehlergröße diskutiert werden. Zu diesem Zweck wurde ein Konzept entwickelt, wodurch sowohl die Simulation von Prüfungen als auch Experimente wesentlich zu einem Gesamtprüfkonzept beitragen.

Dieser Vortrag ist für all diejenigen interessant, die sich mit dem Design wie auch mit der Prüfung von Radsatzwellen beschäftigen. Außerdem stellt er wiederum unter Beweis, wie mächtig die Zuverlässigkeitsanalyse mit Hilfe der POD im Bereich des Eisenbahnwesens ist und warum sie ein wesentlicher Bestandteil für die Entwicklung in ZfP 4.0 darstellt.

Detektion von oberflächennahen Schienenfehlern mittels kontaktfreier, laserbasierter Ultraschallprüfung

Stefan WUNDERL [1], Lukas CSÁSZÁR [1], Balthasar FISCHER [1]
[1] XARION Laser Acoustics GmbH, Wien, Österreich
Kontakt E-Mail: s.wunderl@xarion.com, opticalmicrophones@xarion.com

Kurzfassung

Um Sicherheit und niedrige Wartungskosten im Eisenbahnwesen zu gewährleisten, müssen auftretende Schienenfehler frühzeitig detektiert werden. Als State-of-the-Art hat sich vor allem die Ultraschallprüfung durchgesetzt, welche sich auch für tiefliegende Defekte gut eignet. Wie beim medizinischen Ultraschall muss hier ein flüssiges Koppelmittel (normalerweise Wasser) für die akustische Impedanzanpassung auf die Schiene aufgetragen werden, was die Geschwindigkeit der eingesetzten Schienenprüfzüge auf etwa 60 km/h begrenzt. Zudem ist die Detektion von oberflächennahen Defekten aufgrund von technischen Limitationen (z.B. sogenannte „Totzone“) für solche Systeme schwierig. Komplexe Fehlerbilder wie der „Squat“ bedürfen deshalb einer aufwändigen, manuellen Nachprüfung.

Wir stellen eine neuartige, laserbasierte Ultraschall-Prüfmethode vor, die kontaktfrei ohne Koppelmittel agiert und keine oberflächennahe Totzone besitzt. Ein kurzer Laserpuls durch einen Anregungslaser erzeugt eine breitbandige Ultraschall-Schockwelle in der Schiene, welche beim Durchlaufen von eventuell vorhanden Schienenfehlern beeinflusst wird. Das dabei verwendete optische Mikrofon detektiert dann die von der Schiene in die Luft abgestrahlte Ultraschallwelle. Aus dem gemessenen Ultraschallsignal kann auf Schienenfehler rückgeschlossen werden.

Das Detektionsprinzip dieses optischen Mikrofons basiert auf Laser-Interferometrie. Das akinetische Funktionsprinzip (keine beweglichen Teile wie Membrane oder verformbare Piezokristalle) führt zu einer sehr hohen Detektionsbandbreite und ermöglicht die Ultraschalldetektion ohne Koppelmittel. Damit kommt das gesamte Prüfverfahren (sowohl Ultraschallerzeugung als auch Detektion) ohne Koppelmittel aus und ermöglicht dadurch den Einsatz auch bei hohen Reisegeschwindigkeiten. Anregungslaser und optisches Mikrofon sind fasergekoppelt, was eine einfache Systemintegration ermöglicht.

In diesem Beitrag präsentieren wir die Ergebnisse, die im Zuge des Deutsche Bahn Innovationhub mindbox entstanden sind. Diese Proof-of-Concept Messungen wurden an Schienen mit Squats und Headchecks durchgeführt. Beide Fehlerbilder waren eindeutig erkennbar. Robuste Detektion von akustischen Signalen war in variablem Abstand zwischen Schienenoberfläche und Sensorkopf möglich, was ein Vorteil gegenüber gängigen Wirbelstrom-Prüfverfahren ist. Zusammenfassend wurde festgestellt, dass Laser-angeregte Akustik durch ihre hohe Messgeschwindigkeit und ihren oberflächennahen Messbereich interessante Möglichkeiten bietet, um bereits etablierte Ultraschall- und Wirbelstrom-Prüfmethoden zu ergänzen.

Induktiv angeregte Thermografie zur zerstörungsfreien Prüfung von perlitischen Schienen und austenitischen Eisenbahnweichen

C. Tuschl[1], B. Oswald-Tranta[1], P. Dornig[2], S. Eck[3]

1 Montanuniversität Leoben, Leoben, Österreich
2 ÖBB-INFRA, Graz, Österreich
3 Materials Center Leoben, Leoben, Österreich

Die aktive Infrarotthermografie gehört zu den zerstörungsfreien Prüfverfahren. Einem Prüfkörper wird mit einem sehr kurzen Heizpuls (0,1 - 1 Sekunde) geringfügig Wärme (< 10 K) zugeführt, und die resultierende Temperaturänderung auf der Oberfläche während des Erwärm- und Abkühlprozesses mit einer Wärmebildkamera aufgenommen. Bei der Induktiv-Thermografie werden durch ein HF-Magnetfeld oberflächennahe Wirbelströme induziert, die nur den Randbereich eines metallischen Körpers erwärmen. Aus der Analyse der Temperatur-Zeit-Verläufe lassen sich Aussagen über Anwesenheit, Tiefe und Lage von Oberflächenrissen ableiten. Eisenbahnschienen und Weichen sind einer hohen zyklischen Belastung ausgesetzt, durch welche Rollkontaktermüdungsrisse im Kontaktbereich zwischen Rad und Schiene/Weiche auftreten. Ziel der zerstörungsfreien Prüfung des Fahrwegs ist die frühzeitige Erkennung von Rissen, sowie deren Bewertung hinsichtlich Tiefe und Lage. In weltweiten Eisenbahnnetzwerken werden sowohl magnetische (perlitische, bainitische und martensitische) als auch nicht-magnetische (austenitische) Werkstoffe je nach Fahrwegkomponente (Schienen, Weichen) und Belastung (Gerade, Bögen, Abzweigungen, Mischverkehr, Schwerlast) eingesetzt. Im vorliegenden Beitrag werden die Unterschiede der Nutzung von gepulster Induktivthermografie an perlitischen und austenitischen Schienen aufgezeigt und auf die Herausforderung für die zerstörungsfreie Prüfung mit diesem Verfahren hingewiesen, die sich durch die Geometrieunterschiede zwischen Weiche und Schiene ergeben.

Zerstörungsfreie Prüfung von Faserverbundwerkstoffen mittels aktiver Infrarot-Thermografie

Corinna GROSSE-KOCKERT [1], Daniel MAY [2], Torsten NOWAK [3],
Sara PANAHANDEH [1], Mohamad ABO RAS [1], Dustin NIELOW [3], Christoph UHLIG [4],
Ralph SCHACHT [3]
[1] Berliner Nanotest und Design GmbH, Berlin
[2] Technische Universität Chemnitz, Chemnitz
[3] Brandenburgische Technische Universität Cottbus-Senftenberg, Cottbus-Senftenberg
[4] Fraunhofer-Institut für Angewandte Polymerforschung IAP, Potsdam
Kontakt E-Mail: ralph.schacht@b-tu.de

Kurzfassung

Mittels aktiver Infrarot (IR) - Thermografie können Schäden an Bauteilen aus Faserverbundwerkstoffen nach der Neufertigung, bei der Instandhaltung oder nach Unfällen schnell und einfach detektiert werden. Die aktive IR-Thermografie ist eine schnelle und berührungslose Methode zur zuverlässigen zerstörungsfreien Inspektion von Faserverbundwerkstoffen und Klebeverbindungen.

Oftmals können hinter Beschädigungen, die bei der optischen Inspektion nur schwach zu sehen sind, größere Schäden stecken und in einem kosten- und zeitaufwändigen Reparaturverfahren resultieren. Mittels aktiver IR-Thermografie kann nicht nur die unmittelbare Oberfläche des Bauteils untersucht werden, sondern auch die optisch nicht sichtbaren Bereiche unterhalb der Oberfläche.

In dem BMBF-Projekt „ThermRep" beschäftigen wir uns mit der aktiven IR-Thermografie zur Inspektion von Rotorblättern an Windkraftanlagen. Wir zeigen, dass Risse, Delamination und Fehlstellen an Faserverbundwerkstoffen und Verklebungen, auch unter der Oberfläche, zuverlässig detektiert werden können. Die aktive IR-Thermografie ist daher eine vielversprechende Methode, um auch Schäden z.B. an Schienenfahrzeugbauteilen schnell, einfach und zuverlässig zu detektieren.

Prüfung von Glasfaserverbundwerkstoffen und Klebverbindungen mit Terahertz-Wellen

J. Jonuscheit[1]

1 Fraunhofer ITWM, Kaiserslautern

Faserverstärkte Kunststoff-Verbundstrukturen werden häufig in mechanischen Bauteilen eingesetzt, in denen eine Kombination aus geringem Gewicht, hoher struktureller Integrität erforderlich ist. Solche Verbundstrukturen bestehen in der Regel aus mehreren funktionellen Schichten aus verschiedenen Materialien, z. B. Aramid, Schäumen und Glasfasermaterial. Da die Strukturen Schicht für Schicht aufgebaut werden, ist eine Qualitätskontrolle in der Inline-Produktion sowie im Service und Reparatur wünschenswert, um mögliche Delaminationen, strukturelle Mängel und andere Defekte frühzeitig zu erkennen. Diese Verbundstrukturen werden oftmals auf metallische Träger aufgeklebt. Die Prüfung dieser Klebverbindung sollte vorzugsweise durch die aufgeklebte Verbundstruktur erfolgen, da hier der Zugang einfacher ist. Frequenzmodulierte kontinuierliche (FMCW) Terahertz-Bildgebungssysteme haben gezeigt, dass sie eine ausgezeichnete Kombination aus räumlicher und Tiefenauflösung für typische Fehlergrößen bei gleichzeitig großen Eindringtiefen in die jeweiligen Materialien bieten. Wir stellen ein Terahertz-Bildgebungssystem für Verbundwerkstoffe und Klebverbindungen vor und demonstrieren die Leistungsfähigkeit des Messsystems an Testpanels mit künstlich eingebrachten Fehlern sowie bei Feldmessungen an Regionalzügen im Betrieb.

Analyse von Wagenkästen mittels 3D-Scannen

Uwe JURDECZKA [1]
[1] ALSTOM Transport Deutschland GmbH, Salzgitter
Kontakt E-Mail: UWE.JURDECZKA@ALSTOMGROUP.COM

Kurzfassung

Die Analyse von Stahlbaustrukturen (wie zum Beispiel Wagenkästen für Schienenfahrzeuge) bezüglich a) Maßprüfung gemäß DIN 25043-2:2012 und b) Vollständigkeitsprüfung ist eine Herausforderung wegen der Abmessungen des Prüfobjektes (20 x 3 x 3m) und wegen der Anzahl der Anbauteile (mehrere hundert).

Die Digitalisierung des Prüfobjektes Wagenkasten wurde möglich durch die Entwicklung geeigneter Gerätetechnik und durch softwareseitig abgebildeter Algorithmen. Diese Entwicklungen machen die Kombination aus 3D Scanner (TLS) und Punktwolkenbearbeitungsprogrammen interessant für die Analyse von großformatigen Konstruktionen.

Es gelingt der Digitalisierung, ausreichend umfangreiche Information über die Ist-Konfiguration (Maße und Vollständigkeit) der zu prüfenden Stahlbaustruktur zu gewinnen. Für die Maßprüfung ergeben sich Vorteile im Prüfablauf. Zusätzlich wird ein detailreiches Abbild gewonnen, welches für spätere Auswertungen genutzt werden kann.

Mittels eines angepassten Algorithmus wird auf das jeweilige 3D Modell als Soll Zustand mit Differenzbildern überlagert. Diese Differenzbilder zeigen zuverlässig die Toleranzfeldausnutzung und auch eventuelle Maß-Abweichungen an. Aussagen über eventuelle Fehlteile werden ebenfalls gewonnen. Mindestens jedenfalls werden die suspekten Stellen im Differenzbild markiert.

Nunmehr wird auch die Analyse im Falle unerwarteter Montageprobleme unterstützt. Weiterhin kann auch die Statistische Prozessregelung mit ausreichend Eingangsinformationen gespeist werden.

Ein besonderer Anwendungsfall der Digitalisierung war die Prüfung auf plastische Verformung eines Wagenkastens im Test nach UIC4-Richtlinie 566 und DIN EN 12663 (Druckversuch), konkret eines Wagenkastens der Coradia iLint Baureihe, dem weltweit ersten Wasserstoffzug.

Zu dem Zweck wurde jeweils vor der Beaufschlagung mit der Prüflast und danach eine Scann Kampagne durchgeführt. Es konnte nachgewiesen werden, dass keine plastischen Verformungen an der Struktur auftreten. Die Punkte der Krafteinleitung zeigten das erwartbare Verhalten.

Fazit: Die bisherigen Ergebnisse zur Digitalisierung des Ist-Zustandes sind vielversprechend. Die Weiterentwicklung der Prozesskette <Meßkonzeption> <3D Scannen> <Aufbereiten mit Algorithmen> <Analyse> <Ausgabe der Ergebnisse> verspricht Reduzierung des Unsicherheitsbudgets und Vorteile im Handling.

„Eigenspannungen – Entstehung, Bedeutung, gezielte Beeinflussung und messtechnische Erfassung“

D. Dapprich[1]

1 Stresstech GmbH, Rennerod

Die Kenntnis und Festlegung des Eigenspannungszustandes tritt zunehmend in den Fokus einer beanspruchungsgerechten Auslegung von schwingend belasteten Bauteilen. Dieser Beitrag zeigt einleitend die Herkunft und Bedeutung und von technisch bedeutsamen Eigenspannungen auf. Für den Ingenieur bestehen verschiedene Möglichkeiten, um Eigenspannungen gezielt in einem entsprechend belasteten Bauteil zu erzeugen, um damit dessen Leistungsfähigkeit zu steigern. Die Anwendung definierter Eigenspannungszustände erfordert geeignete Mess- und Prüftechnik zur genau Kenntnis bzw. Überprüfung von induzierten Eigenspannungen, um die Produktqualität sicherzustellen. Die praxiserprobten Techniken und ihre jeweils bevorzugten Einsatzbereiche werden vorgestellt.

Anwendungsmöglichkeiten von ultraschallgestützten Eigenspannungsmessung an Eisenbahnkomponenten

I. Poschmann[1], M. Uhlenbruch[1], A. Specht[1], T. Deßmann[1]

1 W.S. Werkstoff Service GmbH, Essen

Ultraschallgestützte Eigenspannungsmessungen sind im Sektor Bahn bei der Radkranzprüfung von Güterwagenradsätzen etabliert. Darüberhinaus wird die Ultraschallprüfung praktisch nicht für die Eigenspannungsmessung eingesetzt. Tatsächlich ist es aber möglich, die Ultraschallprüfung für vielfältige Spannungsmessungen an Eisenbahnkomponenten zu nutzen. Anwendungsmöglichkeiten sind neben Radkränzen auch Radsatzwellen, Schraubverbindungen oder auch Schweißnähte. Dabei kann die Spannung im Volumen des Bauteils, aber auch an der Bauteiloberfläche erfasst werden. Der Vortrag gibt einen Überblick über die physikalischen Grundlagen, die technischen Voraussetzungen und die praktischen Vorgehensweisen. Anwendungsbeispiele werden ebenfalls vorgestellt.

Zerstörungsfreie Ermittlung von Eigenspannungen an der Außenoberfläche von Radsatzwellen

Jochen KURZ [1], Frank BUß [1], Katrin MÄDLER [1], Andreas BERGER [1], Melanie KOPP [2], Thorsten GEBURTIG [1], Cyril ZIMMER [2], Sargon YOUSSEF [2]
[1] DB Systemtechnik GmbH, Brandenburg-Kirchmöser
[2] Fraunhofer IZFP, Saarbrücken

Kontakt E-Mail: jochen.kurz@deutschebahn.com

Kurzfassung

Nach der Entgleisung eines ICE3 im Jahr 2008 infolge eines Treibradsatzwellenbruchs wurden die Ultraschallprüfintervalle für Treib- und Laufradsatzwellen von ICE3-Fahrzeugen auf der Basis von bruchmechanischen Berechnungen der Restlebensdauer erheblich verkürzt. Experimentelle Untersuchungen im 1:1-Maßstab durch DB Systemtechnik und das Forschungsvorhaben „Eisenbahnfahrwerke 3" haben gezeigt, dass die Restlebensdauer durch den in den Radsatzwellen vorherrschenden Eigenspannungszustand maßgeblich beeinflusst wird.

Eine vollumfängliche Anwendung aktueller bruchmechanischer Berechnungsmethoden zur Ermittlung des Ultraschall-Inspektionsintervalls von Radsatzwellen mit Längsbohrung, wie sie z.B. im Forschungsvorhaben „Eisenbahnfahrwerke 3" entwickelt wurden, ist daher ohne die Anwendung zusätzlicher Abschlagsfaktoren nur bei Kenntnis des fertigungsbedingten Eigenspannungszustands möglich.

In diesem Beitrag werden Ergebnisse einer Untersuchung zur Eignung des 3MA Verfahrens (Mikromagnetische Multiparameter-Mikrostruktur- und Spannungs-Analyse) zur Ermittlung des Eigenspannungszustands an der Außenoberfläche von Radsatzwellen mit Längsbohrung vorgestellt. Dafür wurden an 3 Radsatzwellen quasi-statische Be- und Entlastungen der Radsatzwellen im 4-Punkt-Biegeversuch zur Kalibrierung des 3MA Verfahrens durchgeführt. Die Eigenspannungen sind dann an zehn Messpunkten an der Oberfläche der Radsatzwellen zerstörungsfrei mit dem 3MA Verfahren ermittelt worden, und im Nachgang wurde das zerstörende Sägeschnittverfahren an diesen Messpunkten als Referenzverfahren eingesetzt. Die Ergebnisse und das Vorgehen werden vorgestellt und bewertet.

Ultraschallspannungsmessung – Chancen und Grenzen

Jürgen POHL [1], Philip HÄUSLER [1], Marcus VIERTEL [1]
[1] Hochschule Anhalt, Köthen
Kontakt E-Mail: juergen.pohl@hs-anhalt.de

Kurzfassung

Die Messung mechanischer Spannungen mittels Ultraschall eröffnet aufgrund der gut theoretisch begründeten Mechanismen und der mittels unterschiedlicher Wellenarten und Prüftechniken realisierbaren Messvarianten vielfältige Chancen zur Ermittlung von Eigenspannungen. In der industriellen Anwendung sind objekt-, aufgaben- und prüftechnikspezifische Betrachtungen erforderlich, da der Einfluss von Störgrößen spezifische Grenzen setzt. Im Beitrag werden diese Chancen und Grenzen thematisiert; Beispiele der Anwendung der Ultraschallspannungsmessung werden vorgestellt.

Neues aus der Ausbildung

R. Krull-Meyer[1]

1 DGZfP Ausbildung und Training GmbH, Wittenberge

Der Vortrag gibt einen Überblick über den aktuellen Stand der Ausbildung von ZfP-Personal in den Sektoren der Eisenbahn-Instandhaltung Irl und IrW. Dabei wird sowohl auf die Personalentwicklung des Ausbildungszentrums Wittenberge als auch auf die Neuerungen hinsichtlich der theoretischen und praktischen Ausbildungsinhalte, die aus den aktuellen Anforderungen der Praxis resultieren, in den verschiedenen Kursen eingegangen. Ein weiterer Punkt, der in diesem Jahr angesprochen werden soll, ist ein Überblick über die vergangenen 2 Jahre, in denen unter Corona-Bedingungen und den damit verbundenen Schwierigkeiten unterrichtet werden musste.

Ausbildung von ZfP-Prüfpersonal für die Magnetpulverprüfung im Oberbau

U. Menzel[1], W. Schall[1], F. Schmidt[1], J. Hanke[1]

1 DGZfP Ausbildung und Training GmbH, Wittenberge

2018 wurden mit der Norm DIN EN 16729-4 die Anforderungen an die Ausbildung für die Magnetpulverprüfung und andere ZfP–Verfahren im Industriesektor Eisenbahn-Instandhaltung Infrastruktur (Sektor Irl; ZfP im Oberbau: ZfP an Schienen in Weichen, an Bahnübergängen und durchgehenden Gleisen) definiert. Auf dieser Grundlage und zusätzlichen Anforderungen der Streuflussprüfung erfolgte die Einführung der MT – Ausbildung im Sektor Irl ab März 2018 im Ausbildungszentrum der DGZfP in Wittenberge. Die Magnetpulverprüfung im Oberbau wird in die Kurse MT1O – M (manuelle Prüfung) und MT1O – A (mechanisierte Prüfung) unterteilt. Im Vortrag werden die Inhalte der manuellen und mechanisierten MT-Prüfung in diesem Industriesektor sowie die Umsetzung in der Ausbildung dargestellt.

Hersteller-Produkt-Qualifizierung (HPQ) aus Sicht der ZfP der DB Systemtechnik GmbH für Radsatzwellen und Räder

Thorsten BEUTH [1]
[1] DB Systemtechnik GmbH, Brandenburg-Kirchmöser
Kontakt E-Mail: thorsten.beuth@deutschebahn.com

Kurzfassung

Für die Herstellung von neuen Radsätzen, Rädern und Radsatzwellen für die DB AG benötigen die Hersteller eine Produktqualifikation mit der

- das Produkt selbst und
- der Herstellungsprozess qualifiziert worden sind.

Die Anforderungen der Qualifizierung werden mit den DIN EN Normen (13260, 13261 und 13262) definiert. Zusätzlichen Anforderungen können in einer technischen Spezifikation (z.B. DB Standards 918 27x, VDV-Schrift 889) festgelegt werden.

Ein Teil der Qualifizierung beschreibt die Anforderungen an die Zerstörungsfreie Prüfung zum Nachweis möglicher herstellungsbedingter Produktfehler. Das sind:

1. Qualifizierung des Personals
2. Qualifizierung der Ausrüstungen
3. Qualifizierung der Prüfungsdurchführung

Bei der Bewertung der ZfP ist besonders auf die verwendete Prüfausrüstung und die Prüfungsdurchführung zu achten. Hier können große Unterschiede durch die Vorgaben einer technischen Spezifikation auftreten. Das sind z.B.

- zulässige Fehlergrößen zur Bewertung der inneren Fehlerfreiheit,
- die Angaben für die Fehlerfreiheit der Oberflächen,
- die Prüfungen von Radsatzwellen mit Längsbohrung.

Ein Merkblatt der DGZfP gibt allg. Informationen für die Ultraschallprüfung von Radsatzwellen mit Längsbohrung, Anforderungen einer Referenzwelle und Hinweise zur manuellen und mechanisierten Prüfung.

Kommt es zu Abweichungen im Produktionsprozess können durch ungenügende ZfP-Prüfungen mögliche Herstellungsmängel nicht aufgedeckt werden. Beispiele aus der Vergangenheit zeigen, dass derartige Mängel nachgewiesen wurden z.B. Volumenfehler.

Jeder Auftraggeber der Radsatzwellen, Räder oder Radsätze beauftrag, verwendet die DIN EN 1326x als Grundlage seiner Bestellungen und bewertet, ob eine zusätzliche technische Spezifikation für die Lieferung seiner Komponenten erforderlich ist.

Durch die DB Systemtechnik GmbH werden regelmäßig, im Sinne einer Inspektion, die Anlagen und die Prozesse der ZfP überwacht.

Aufbauorganisation für die ZfP in einer ECM

Ulrike MOSLER [1]
[1] DB Systemtechnik GmbH, Brandenburg-Kirchmöser
Kontakt E-Mail: ulrike.mosler@deutschebahn.com

Kurzfassung

Mit Umsetzung der Durchführungsverordnung (EU) 2019/779 sind alle für die Instandhaltung verantwortlichen Stellen (ECM) verpflichtet, Verantwortlichkeiten von Einzelpersonen und Teams zur Gewährleistung der Erreichung der Sicherheitsziele der Organisation festzulegen. Insbesondere für sicherheitsbezogene Verantwortungsbereiche, zu denen die zerstörungsfreie Prüfung (ZfP) zählt, sind Funktionen und deren Schnittstellen genau zu definieren.

In der Praxis zeigt sich, dass eine Umsetzung oftmals viele Fragen bezüglich Organisation der verantwortlichen Stellen aufwirft. Wie die ZfP in einer ECM personell organisiert werden kann, wird in diesem Vortrag präsentiert. Unter Beachtung der unterschiedlichen Instandhaltungsfunktionen einer ECM werden die Funktionen des ZfP-Personals mit ihren Verantwortlichkeiten, wie in DIN 27201-7 genannt, dargestellt. Die zu diesen Verantwortlichkeiten kohärenten Kompetenzen werden aus der DIN EN ISO 9712 und DIN EN 16910-1 abgeleitet. Die Aufbauorganisation der ZfP orientiert sich dabei primär an den Anforderungen der ECM-DVO. Die ist insbesondere dahingehend relevant, da die ECM Regularien viele Freiheitsgrade in der Aufteilung erlauben, jedoch gleichzeitig die Sicherheitsanforderungen erfüllt werden müssen.

Da die Funktion der Prüfaufsicht in den internationalen ZfP-Normen nicht beschrieben wird, soll an dieser Stelle ausführlich auf Verantwortung, Aufgaben und Kompetenz der Prüfaufsicht eingegangen werden. Insbesondere die Kompetenzanforderungen an eine Prüfaufsicht werden im Sektor verschieden diskutiert und ausgelegt, was nicht zuletzt mit unterschiedlichen Verantwortlichkeiten und Aufgaben der Prüfaufsicht in den einzelnen Unternehmen im Zusammenhang steht. Diese unterschiedliche Auslegung kann dann zu Problemen bei der Lieferantenautorisierung von Werkstätten führen.

VT-Sichtprüfung bei der Eisenbahn-Instandhaltung, ein Bericht aus der Praxis eines privaten Instandhalters

Jens RAABE [1]
[1] J.M. Voith SE, Kiel
Kontakt E-Mail: jens.raabe@voith.com

Kurzfassung

In der internationalen Normung (ISO 9712 und EN 16910) ist die direkte Sichtprüfung kein ZfP-Verfahren.
Die deutsche Norm zur Eisenbahn Instandhaltung DIN 27200ff nennt die Sichtprüfung als erstes und damit zentrales ZfP-Verfahren. Es wird zwischen der allgemeinen Sichtprüfung und der VT-Sichtprüfung unterschieden. In der Praxis führen diese beiden Begriffe häufig zu Irritationen.

Die Anforderung an die allgemeine Sichtprüfung ist sehr gering, es ist lediglich eine Einweisung erforderlich. Bei der allgemeinen Sichtprüfung wird nicht nach speziellen Fehlermerkmalen gesucht. Es sind optische Auffälligkeiten, wie Verbiegungen, Leckagen, Verfärbungen, Fehlfunktionen oder Geräusche, auf die der erfahrene Prüfer seine Aufmerksamkeit lenkt. Schäden werden mit dieser Prüfmethode eher zufällig festgestellt. Der Prüfer bestätigt die augenscheinliche Funktionsfähigkeit des Fahrzeuges oder der Komponente. Er ist für die Fehlfreiheit der einzelnen Bauteile nicht verantwortlich.

Der VT-Sichtprüfer muss jährlich seine Sehfähigkeit nachweisen. Er muss über eine Qualifizierung an einer autorisierten Ausbildungsstelle verfügen und kann bei ausreichender vorliegender Erfahrung vom Arbeitgeber für die Tätigkeiten autorisiert werden. Er arbeitet unter der fachlichen Aufsicht einer ZfP-Prüfaufsicht des Arbeitgebers.

Die VT-Sichtprüfung erfolgt auf der Basis einer Prüfanweisung, in der die erwarteten Schadensmerkmale (Risse, Brüche, Verformungen…) und der Prüfbereich genau beschrieben sind. Prüfbedingungen und vorbereitende Arbeiten wie z.B. Beleuchtung, Demontage, Reinigung oder Aufbocken werden zusätzlich vorgegeben, um das Auffinden von Fehlern zu erleichtern. Wenn in der Prüfanweisung Registrier- und Zulässigkeitsgrenzen vorgegeben sind, können Befunde von dem Prüfer als „zulässig oder „unzulässig“ bewertet werden. Der Prüfer ist für die Fehlerfreiheit des geprüften Bauteils verantwortlich und kann strafrechtlich belangt werden, wenn Schäden aus Fehlern entstehen, die bei der Prüfung hätten erkannt werden müssen.

Diese Unterscheidungen müssen bei der Auswahl der Prüfverfahren bedacht werden.

AUTHOR INDEX